应急小卫士（消防篇）

家庭火灾隐患排查

中国科普作家协会应急科普专委会组织编写

张英 主编

中国言实出版社

图书在版编目（CIP）数据

应急小卫士：消防篇：家庭火灾隐患排查 / 张英，李浩然，郑雪编著 . -- 北京：中国言实出版社，2022.1
ISBN 978-7-5171-4011-5

Ⅰ . ①应… Ⅱ . ①张… ②李… ③郑… Ⅲ . ①防火 - 基本知识 Ⅳ . ① X932

中国版本图书馆 CIP 数据核字（2022）第 020754 号

家庭火灾隐患排查

总 监 制：朱艳华
责任编辑：薛　磊
责任校对：史会美

出版发行：中国言实出版社
地　址：北京市朝阳区北苑路 180 号加利大厦 5 号楼 105 室
邮　编：100101
编辑部：北京市海淀区花园路 6 号院 B 座 6 层
邮　编：100088
电　话：64924853（总编室）　64924716（发行部）
网　址：www.zgyscbs.cn　E-mail：zgyscbs@263.net

经　销：新华书店
印　刷：河北赛文印刷有限公司
版　次：2022 年 3 月第 1 版　2022 年 3 月第 1 次印刷
规　格：787 毫米 ×1092 毫米　1/16　2.75 印张
字　数：50 千字

定　价：38.00 元
书　号：ISBN 978-7-5171-4011-5

“应急小卫士”丛书编委会

我是**佑安君**

我的职责是守护人民安全

宣传安全知识

火灾非常危险，在生活中时常发生，那火灾是如何造成的呢？

火灾是燃烧物在时间和空间上失去控制所造成的灾害。按照损失情况，分为一般火灾、重大火灾和特大火灾。

火灾的产生必须具备可燃物、助燃物、引火源三个必要条件。

火灾发生会给人们生命带来威胁，造成经济损失，影响社会稳定，破坏文明成果，破坏生态环境。

佑安君

火灾是可以预防和控制的。消防就是消除隐患，消防救援队伍是专门扑灭火灾的专业队伍。

如何**预防火灾**

火灾发生后，如何

安全逃生呢？

安安的学校组织学生学习安全知识，谁的安全常识掌握得好，就能成为学校的安全小卫士。这可是一件非常光荣的事情。

安安下定决心要当上安全小卫士，在回家的路上，她一直思考怎样才能快速掌握那些消防知识。可是一直到了家门口都没有想到好方法，直到她推开家门，迎面传来一阵饭菜的香味，她终于有办法了。

安安

小学三年级的学生

总喜欢问“为什么”

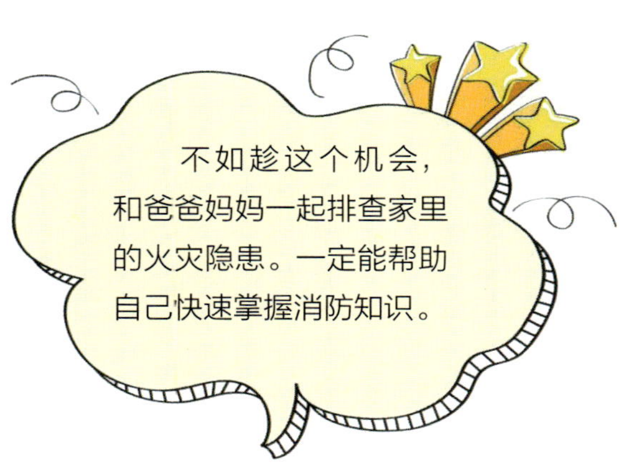

爸爸、妈妈对安安说，只要她将家中的火灾隐患都找出来，会有一个大大的惊喜！

安安高兴得差点蹦起来，没等爸爸、妈妈说完，便迫不及待地找起来。她先来到厨房。

灶台、煤气罐和燃气管道都存在火灾隐患：
灶台上无人看守的油锅干烧很容易起火
无人看守的锅中汤溢出来熄灭火焰使燃气泄漏
熄火后灶台开关未关燃气泄漏
熄火后燃气罐开关未关燃气泄漏
燃气软管老化泄漏燃气等等
各种燃气泄漏后接触明火都可能引发火灾

安安自信地挺起胸，等待爸爸、妈妈夸奖

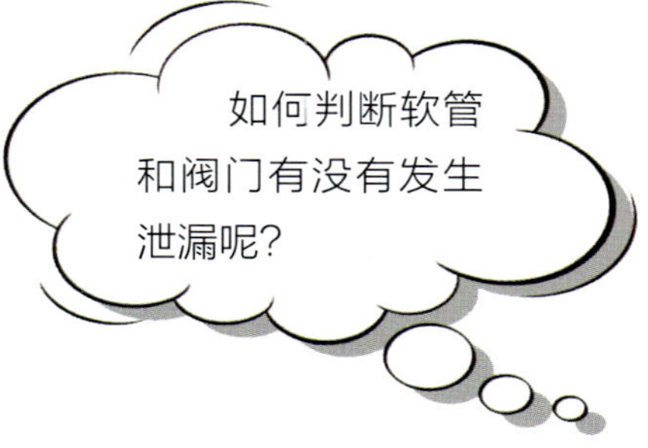

安安认真地回忆着课堂上的内容

“今天课上讲了，使用刷子将肥皂水涂到软管和阀门上，如果有泡泡出现，就是有气体泄漏了，要赶紧处理。”

“如果是软管漏气，先关掉燃气管道或燃气罐的阀门，将软管替换掉；

如果是阀门漏气的话，阀门拧紧，如果还漏气，只能迅速找专业人员来修了。”

我怎么什么味道也没闻到呢?

爸爸（四处闻了闻）问道：“安安妈，你有没有闻到什么特别的味道？”

妈妈（闻）：“好像是有股味道。”

安安也捏起鼻子寻找着，可她却什么味道都没闻道。

这时妈妈又说：“可能有股臭味，很淡。”

爸爸好像想到了什么，大声说道：“糟了，是咱家的天然气泄漏了，我去开窗通风，安安妈赶紧打电话叫燃气公司的工人来修。”

说话间爸爸便跑去厨房开窗户通风；妈妈拿起手机打给燃气公司，通知燃气公司来修。

在有燃气泄漏的房间不能跑动，防止衣服摩擦产生静电，不能接打手机

严禁触动任何电器开关

手足无措的安安想要阻拦爸爸妈妈，却没来得及，幸好没有发生什么意外，安安长长地松了口气，可事情接下来的发展又让安安紧张了起来。

妈妈打完电话说：“燃气公司最快要 2 个小时才能来修。”

而爸爸却走去厨房说 2 个小时太慢了，担心有危险，要自己动手修理。

妈妈看到家里的灯开着，担心电流会引燃室内泄漏的燃气，抬手要去关灯。

安安想到白天课堂上讲的安全知识，一脸恐惧地大声喊道：“不行，不能这样，这太危险了，我们先出去，等工人来修。”

爸爸妈妈看着一脸恐惧的安安，脸上都露出神秘的笑容。

安安终于察觉到有些不对，盯着爸爸妈妈，冷静地说道：“原来你们是在演戏呀。”

这时爸爸说道：“安安，你知道刚刚我们的处理有哪些风险吗？”

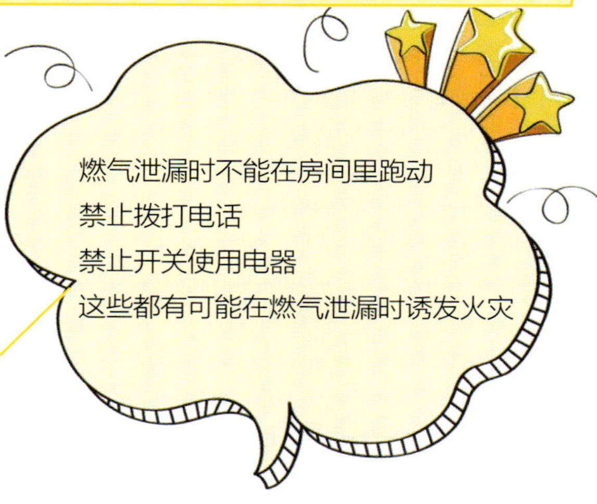

因为跑的过程中衣服摩擦可能会产生静电，可能会产生电火花，从而发生爆炸；

开窗时也要轻轻地打开，防止力气过猛，金属碰撞产生电火花；

打电话时也可能产生电弧或电火花点燃天然气；

开关电器也存在出现火花的危险。

这时安安好像想到了什么，笑嘻嘻地说道：“爸爸、妈妈你们的戏演得可真不错。我猜一定是爸爸心血来潮出的主意。”

爸爸好像没事人一样，对着妈妈说道："安安妈的演技太棒了，我们配合得天衣无缝，要颁给妈妈最佳女演员奖。"

妈妈轻咳一声，斜着看了爸爸一眼对安安说道："那你知道，当燃气泄漏时还有哪些要特别注意的事项吗？"

我记得课堂上讲过，更换燃气软管或检修燃气管道要专业人士来进行：

一是燃气使用的软管是有规范标准的，自己购买的软管不一定合规，存在安全隐患；

二是自己安装，没有接受专业训练，不一定能将软管安装好，做到没有一丝泄漏。

妈妈，我突然想到一个问题，天然气泄漏会中毒吗？我知道煤气泄漏会中毒，但是好像从来没听到过天然气中毒？

这个问题问得好，安安知道煤气和天然气的主要成分是什么吗？

这个我知道，煤气的主要成分是一氧化碳，有毒性，大量吸入会让人感到头晕、眼花、乏力，甚至危及生命。

一旦发现有煤气泄漏的情况后，

要马上拨打119电话报警，还有120急救电话。

安安懂的可真不少呢，甲烷确实不会让人中毒。但是当甲烷在空气中大量存在时，会导致氧气大量减少，让人因为缺氧引起中毒反应，出现头疼、头晕、烦躁、意识模糊等，还会出现恶心、呕吐等不舒服的症状，严重时也会危及生命。如果出现了天然气中毒症状，要及时到空气新鲜的地方去，必要时要进行吸氧治疗。

天然气的主要成分是甲烷，燃烧后只会生成二氧化碳和水，不会污染环境。咦，这样看来，甲烷应该是没有毒性的吧？

哦哦，原来还可以这样啊。

家庭火灾安全隐患除了灶台、煤气罐和燃气管道，还有哪些方面呢?

安安：“哦！我能想到的还有烟头。

这些火灾风险都是个人生活习惯造成的，都是可以避免的。

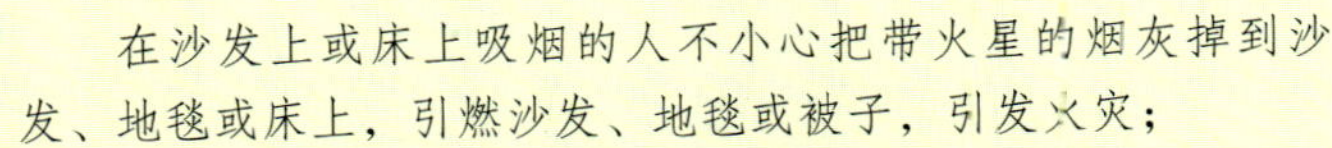

在沙发上或床上吸烟的人不小心把带火星的烟灰掉到沙发、地毯或床上，引燃沙发、地毯或被子，引发火灾；

还有将未完全熄灭的烟头丢到垃圾桶引燃其他的物品造成火灾；

将烟盒、纸条等易燃物丢到烟灰缸被烟头点燃引发火灾。

如果你发现有烟头点燃了沙发，你会怎么处理呢？

火苗刚燃起来还很小的时候，采用物品压或水浇的方式，将火与氧气隔绝，火自然就灭了。所以，在火刚刚燃起来的时候，要善用身边的东西灭火，不然只要一两秒，火焰会迅速变大，再想灭火就没这么简单了。

如果火苗已经燃烧到抱枕那么大的燃烧面的话，可以将盆栽倒扣上去，将沙土掩埋到燃烧的位置灭火，也可以用厚被子直接压上去；当然最好使用专门灭火的灭火毯和灭火器灭火。

这时安安拿起客厅中放着的灭火器说道：“最好的方法就是使用灭火器灭火，灭火器里面存放有灭火剂，将灭火剂喷到沙发上燃烧的地方就可以灭火。”

使用灭火器灭火的时候，先这样拔掉插销，然后将喷管对准火焰根部，不要直接对着火焰，应对着沙发上正在燃烧的地方，另一只手按下压把，里面的灭火剂就可以将火灭了。看，就是这样简单。不过，要是火焰再大一点的话，小孩子就没有能力熄灭了，这时小孩子应该叫大人来灭火或者通知人们赶紧撤离，因为这时候火焰燃烧会越来越快，再不逃就逃不出去了；不过逃的时候，要记得按下走廊里面的手动报警器通知其他人，而后再拨打 119 电话报警。

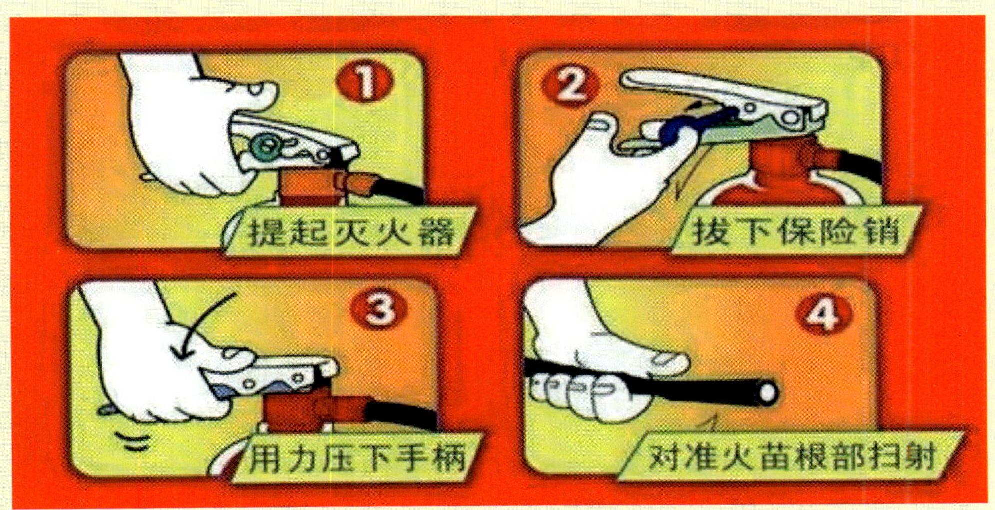

爸爸妈妈边鼓掌边说：“说得真棒。那你还发现哪些隐患呢？”

爸爸看着地板上灭火器喷洒出来的灭火剂，补充道：“只是地板收拾起来可不容易。”

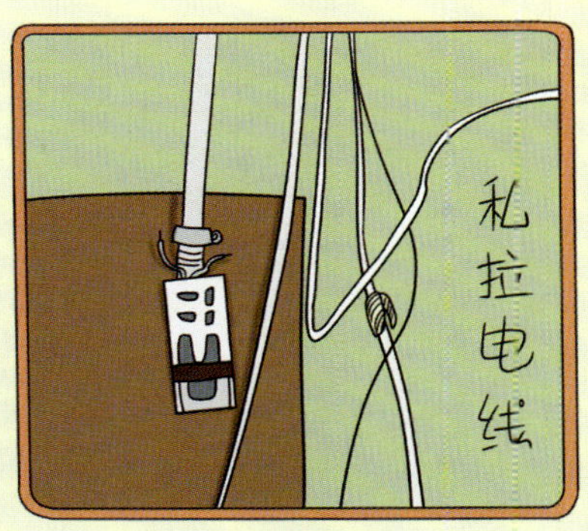

电线短路多是个人家里私自拉电线，不符合规范造成短路起火。

超过使用年限的老旧家电极易出现电路老化，引发爆炸、火灾。

在一个插座上使用过多的大功率电器，导致起火；还有就是在不能使用大功率电器的房间，如学生宿舍里使用大功率电器，造成线路超载起火。

安安挠了挠头有些尴尬

假设咱们家的电视机起火了怎么办？

首先拔掉插头，电器起火不可以用水灭火，最好是用适合的灭火器灭火，用被子盖住也可以，但是不能用泡沫灭火器，泡沫灭火器中含有水分，可以导电，会增加触电的危险。如果火已经燃烧得很大了的话，不建议灭火，赶紧逃吧。

要是别人在灭火的时候，身上的衣服着火了，你就在旁边，你会怎么做？

首先赶紧帮他身上的衣服脱下来

可以用大衣盖灭他身上的火，只是如此一来，烧伤的部分与泥土、衣物混合，伤口不易清洗，且容易引起感染

如果身体已经燃烧的话，可以让他躺在地上翻滚压灭火

还可以用水泼或跳到水池中灭火，但人身上的肉多为脂肪，在燃烧中遇到冷水时，就象在热油中加冷水，可能会炸开，造成二次灾害

最好的方法是用灭火器灭火，不过要注意灭火器的类型，灭人身上的火最适合使用水基型灭火器。

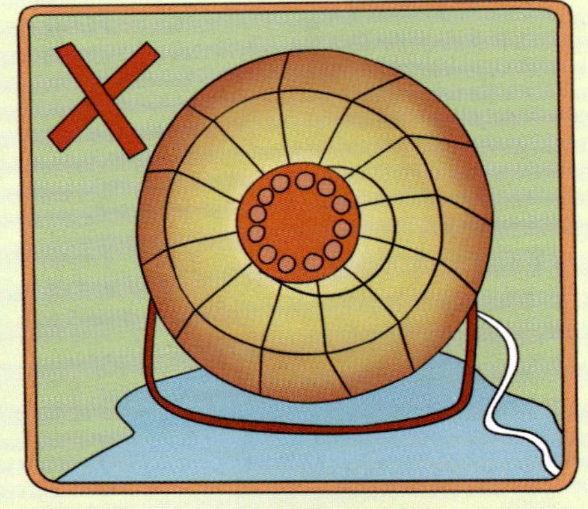

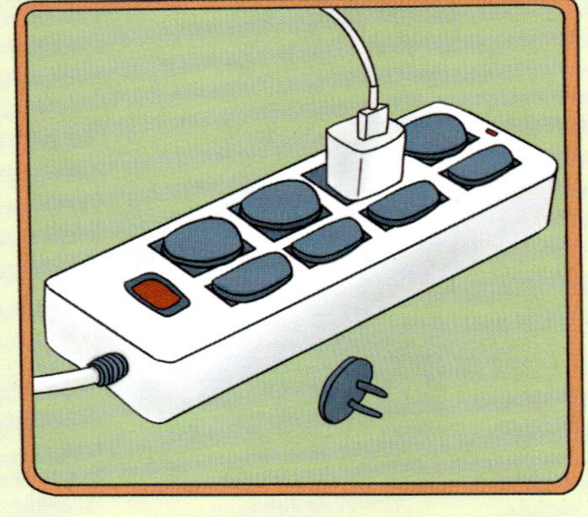

还有触电的安全隐患，触电多发生在有电和水的地方。

浴室里使用吹风机、取暖器和洗衣机等电器，要小心地上有水漏电；

使用插座和插排时，不要将手指插进孔里，最好在插座上加上插座防触电塞。

发现有人触电，不要直接接触他，因为这样你也会触电。

正确处理方法，用木棍、干毛巾、不带金属的衣服等绝缘体将人和电接触的部位拉开；

拨打 120，请求急救；

如果触电的人呼吸和心跳停止，马上进行心肺复苏抢救。

安安你说的家电起火，只有老旧家电、私自拉接电线等原因吗？那有没有想过可能是电器本身就有问题？或者有人错误地使用了电器呢？

妈妈说的电器本身就有问题，指的是假冒伪劣产品吧！有些人贪便宜，购买那些没有经过认证的家用电器，这类电器一般出自“地下工厂”、质量堪忧，极易因绝缘隔热效果不佳、散热效果较差等情况引起火灾。

3C标志一般贴在电器表面，是一个椭圆形的“CCC”暗记。每个3C标志后面都有一个随机码，每个随机码都有对应的厂家及产品。

3C认证，“中国强制认证”

国家市场监督管理总局明确规定，电器产品凡是列入3C认证目录内的必须做CCC认证，未获得指定机构认证的，未按规定标贴认证标志，一律不得出厂、进口、销售和在经营服务场所使用。所以，如果你发现电器上没有找到这种标志，那么就要仔细考虑是否要购买使用了。

微波炉在使用中，将外卖连同纸质的包装袋一起放进去加热，会发生炉内起火；

鸡蛋直接加热会发生爆炸；

带壳或膜的板栗、葡萄等，要用针扎几个眼才能加热，不然也会爆炸。

油炸食品最好不要微波炉加热；

微波炉加热的水不会沸腾，可是当你将水拿出来的时候，一点点的波动，都会让水“爆沸”，造成烫伤；

汤、咖啡、牛奶，微波炉加热时间过长也会出现这种情况。

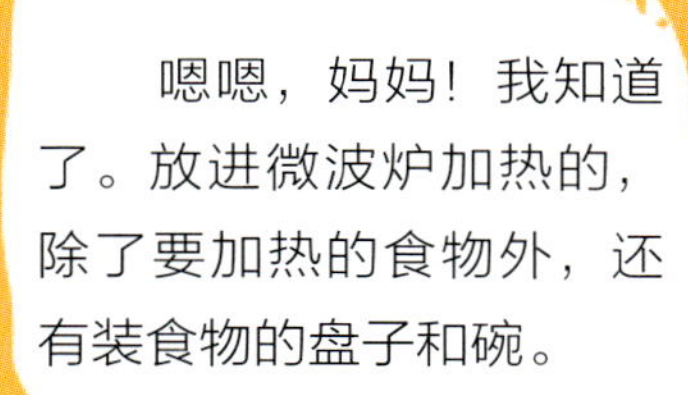

瓷器、专门用于微波加热的塑料盒可以；

一般塑料不可以加热；

金属的碗盘或金属花纹的盘子不可以微波炉加热。

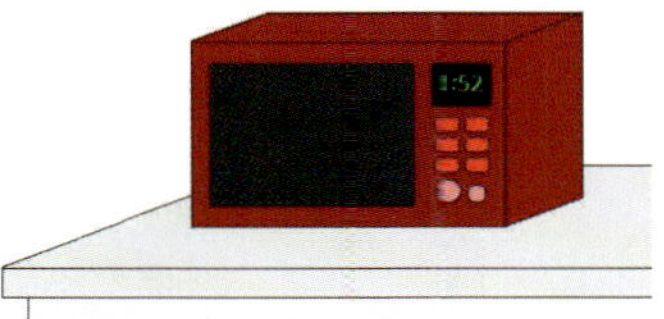

瓷器可以用微波炉加热

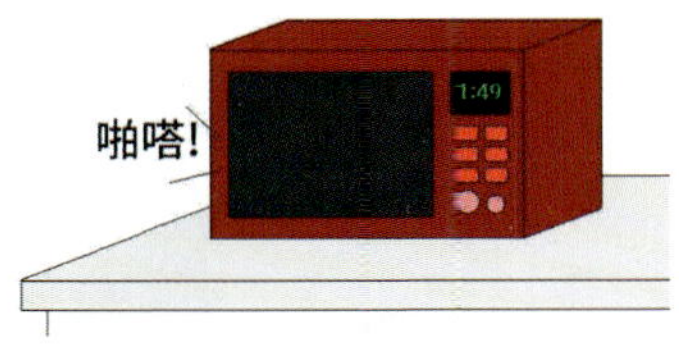

专门用于微波加热的塑料盒可以微波炉加热
一般的塑料不可以微波炉加热

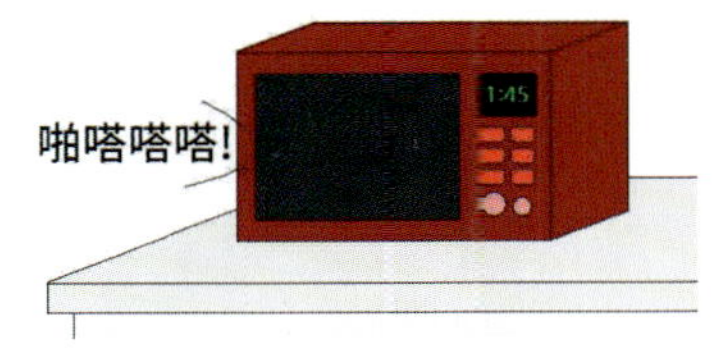

微波遇到金属，会像光遇到镜子一样，被反射回去，反射的微波会对微波炉的部分元件造成损坏；同时，金属餐具会因为微波产生大量电流，在微波炉内壁和金属餐具之间放电产生电火花，严重的时候会烧坏微波炉。

微波炉不可以空转

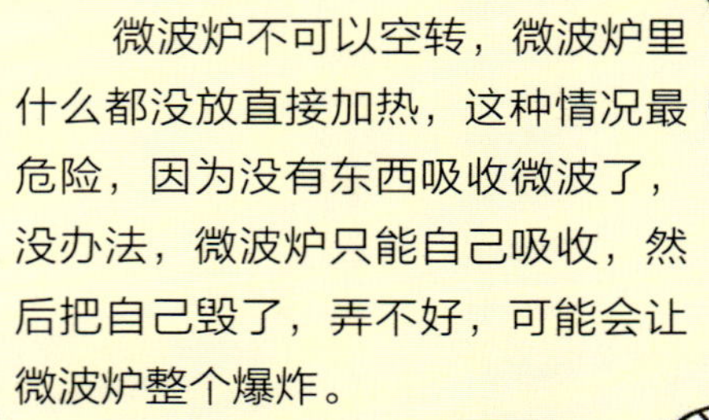

微波炉不可以空转，微波炉里什么都没放直接加热，这种情况最危险，因为没有东西吸收微波了，没办法，微波炉只能自己吸收，然后把自己毁了，弄不好，可能会让微波炉整个爆炸。

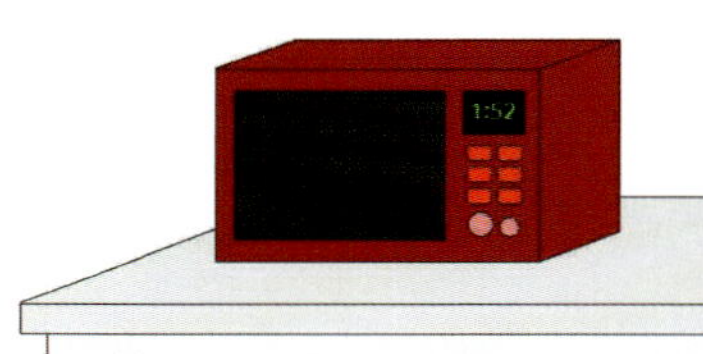

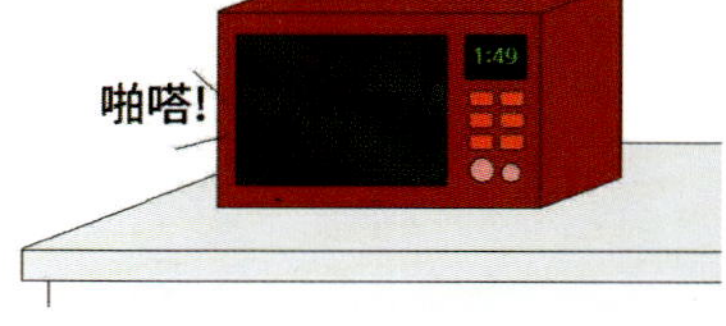

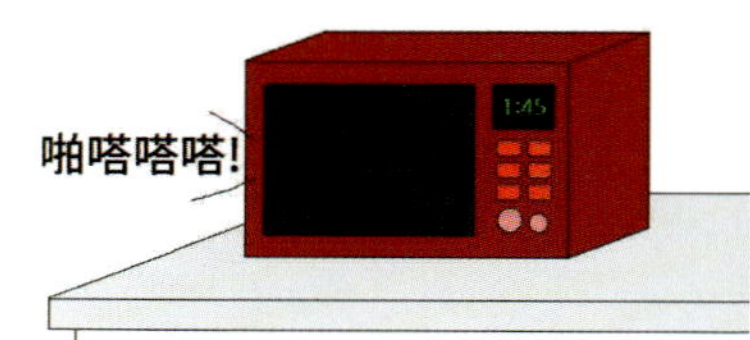

用吹风机吹完头发后，将吹风机放在床上忘了关，床上的吹风机因为连续工作的高温引燃了被子，引发了火灾

冬天将电热毯折叠插电加热，结果因为电热毯折叠后发生短路起火了

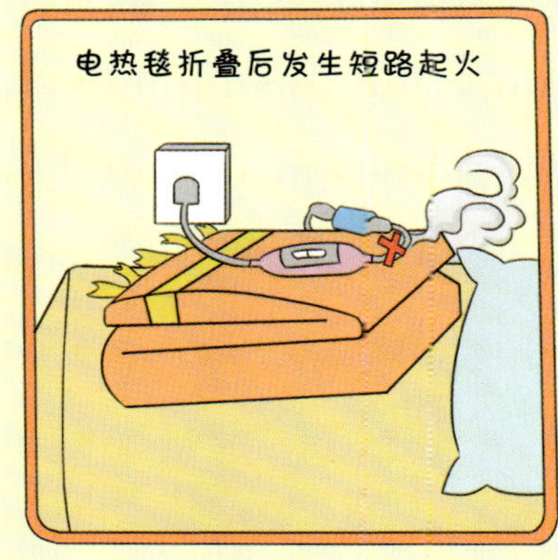

安安沉思了片刻说道：“啊！我想到了。”

安安说得不错！吹风机、电热毯等家用电器，一定要按说明书正确使用，否则也有引发火灾的风险。

除此之外，还有电动车，电动车电池充电要在小区专门给电动车充电的地方充，不可以带回家充，不然起火后连灭都来不及灭。除此之外，现在几乎人手一个的手机，也是一个危险源。

电动车电池充电要在小区专门给电动车充电的地方充，不可以带回家充电。

电动车的电池充电，因为电瓶老化、电瓶质量不合格、电瓶充电过饱等原因也有引发火灾的风险。

危险的不是手机，危险的是你们使用手机的习惯。

手机充电时会发热，长时间充电，手机就有可能会因过热而发生爆炸。边充电边玩手机时，手机容易变得很烫。这是因为在充电的时候，电压高于平时待机的电压，如果在此时玩手机，电压会大大地超过平时很多倍，从而引发手机过热，造成手机爆炸引发火灾。

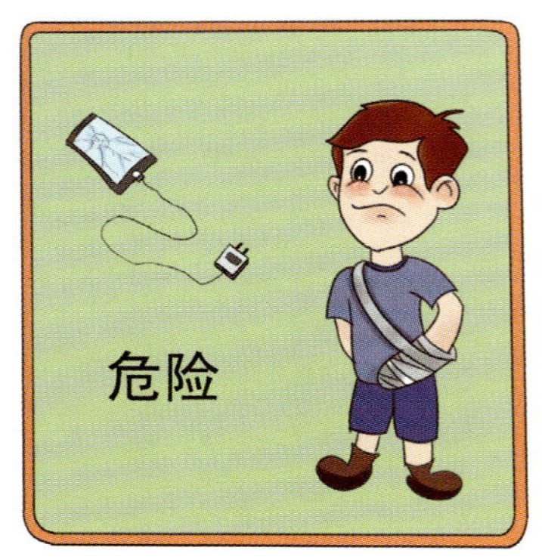

一部手机充满电需要 3—4 个小时。如果充满电后仍然继续充电，电池会一直保持满电状态，这时手机使用的不是电池的电，而是电源里的电，如果用的是不带过充保护功能的充电器，有可能导致与电源相接的充电器烧毁引发火灾；手机充电时会发热，长时间充电，手机就有可能因过热而发生爆炸。

手机充电时，最好使用原装充电器；每个品牌手机的电池容量和充电器的充电功率都有所不同，不要混用充电器；千万不要用那种在地摊上随随便便买的“山寨”充电器给手机充电。因为这种充电器质量不能得到保证，很容易引起短路。”

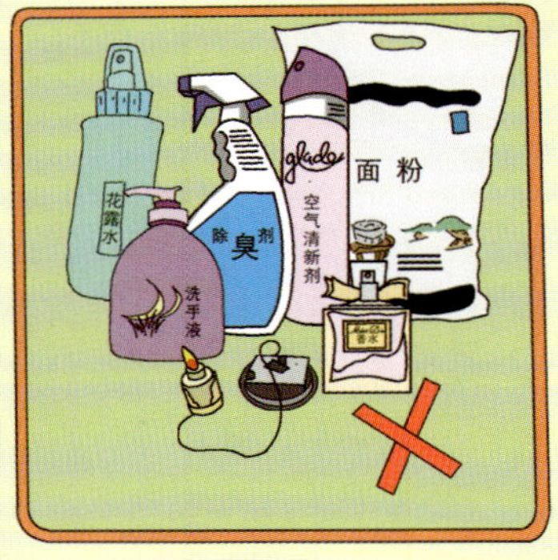

安安表情严肃地说道：“妈妈，原来手机充电也很危险啊！那电器使用还有其他安全隐患吗？”

关于电器其他的安全隐患，你自己再思考思考吧。接下来我说一说其他火灾隐患吧。

使用能产生高温的电器时，远离可燃物和易燃物，比如，在窗户边使用电磁炉，要小心窗帘被风吹到电磁炉上，被高温点燃。

花露水、洗手液、橙子皮、面粉、除臭剂、电子蜡烛、空气清新剂、香水、发胶等，除了电子蜡烛外，其他都是易燃物，遇到明火会发生燃烧。电子蜡烛在使用时会发热，当它靠近空气清新剂、香水等易燃物时，极容易被点燃，所以使用时就要小心了，不要一起使用哦！

这些几乎是每个家庭都存在的吧，那我们每天使用，岂不是很危险？

危险，是有危险，但又不是不可避免的危险，小心使用即可，我们不可以因噎废食。

知道了，我现在还没有资格拿到那个惊喜，不过总有一天我会拿到的。我现在要仔细消化一下您讲的东西。

安安有些无力地看了看妈妈

“安安，为了在家里发生火灾时能安全地撤离，我们全家一起来设计一个火灾疏散逃生计划和疏散地图怎么样。”

第一步：画一幅住宅平面图。

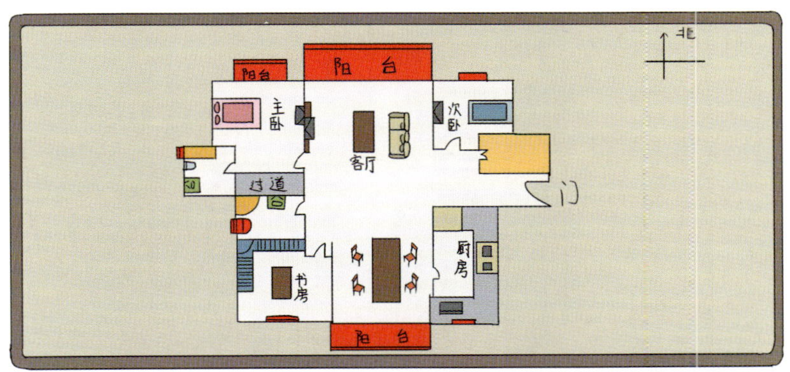

第二步：标出所有可能的逃生出口，同时标注房屋附近的疏散楼梯。

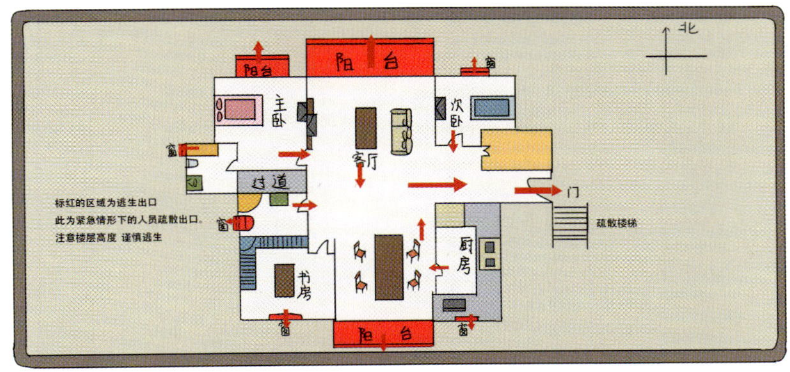

第三步：尽量为每个房间画出两条逃生路线。要确保所有的窗户能顺利开启，并且每个人都清楚逃生路线。

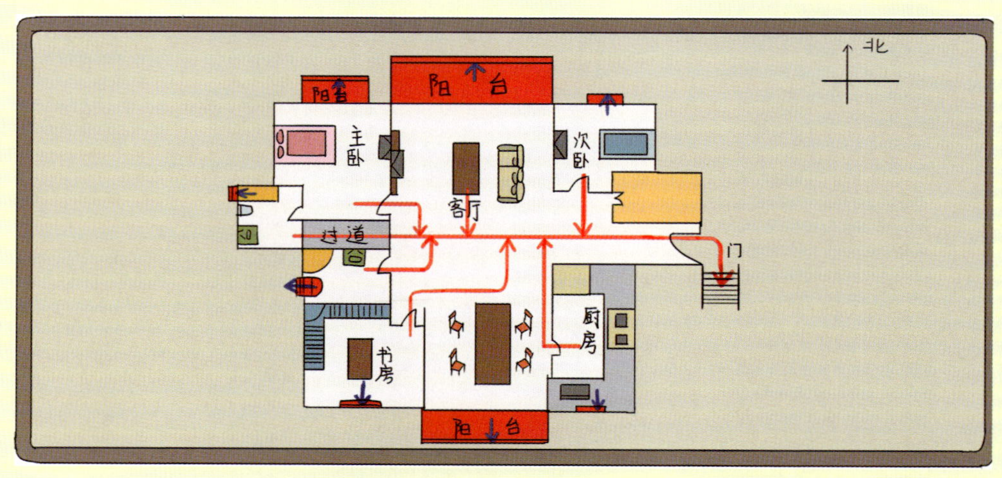

第四步：需要帮助的小朋友、老年人、残疾人，指定专人负责帮助他们逃生。

第五步：在户外确定一个会合点。若火灾发生，住宅内所有成员逃出后直接到会合地点集中。

第六步：按照火灾逃生计划进行演练。

发生危险时拨打 119 求救

拨打 119 电话报警时，要注意以下事项：

1. 牢记火警电话“119”，消防队救火不收费。

2. 沉着冷静，不慌张，有条理。

3. 讲清起火的具体地点，包括建筑名称、区县、街道名称、门牌号码、靠近何处等。

4. 讲明是什么物质起火，如，液化气罐、电器、卧室床铺，等等；火势如何，如，看到火光、冒烟等；有无人员被困和伤亡；有无爆炸和毒气泄漏等情况。

5. 报警人的姓名、电话号码，以便消防部门随时了解火场情况。

6. 到就近路口指引消防队，以便消防队准确找到失火地点。

7. 如果着火地区发生了新的变化，要及时报告消防队员。

8. 在没有电话或没有消防队的地方，如农村和偏远地区，可采用敲锣、吹哨、喊话等方式向四周报警，动员乡邻来灭火。

9. 谎报火警是违法行为。

涉及火灾的安全警示标示

1. 火警电话

指示在发生火灾时，用来报警的电话及电话号码。

2. 紧急疏散逃生标志

● 在发生火灾等紧急情况下，可使用的一切出口，用于提示安全场所的疏散出口。

● 背景是绿色，图形符号为白色。

● 与之相辅助的还有方向辅助标志，指示疏散通道方向。

3. 禁止标志

- 表示当前位置禁止的行为，若违反容易发生危害事故。
- 背景是白色，环形边框和斜杠为红色，图形符号为黑色。

4. 消防安全标志的设置位置

- 设置在醒目、与消防安全有关的地方。
- 人们看到后，有足够的时间注意它所表示的意义。

灭火器的使用

常用灭火器一般是手提式 ABC 干粉灭火器和水基型灭火器。

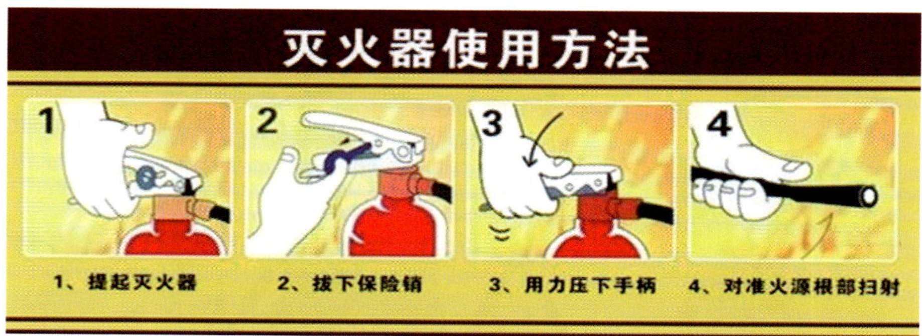

ABC 干粉灭火器

- 适用于扑救可燃固体有机物、可燃液体和可燃气体的初起火灾。
- 优点是适用范围广，灭火性价比高，使用年限长。

水基型灭火器

- 以水为灭火剂基料的灭火器。
- 一般适用于扑救可燃固体有机物的初起火灾。
- 优点是绿色环保，不会对周围设备和空间造成污染、高效阻燃、灭火速度快、渗透性强。

针对不同类型的火灾，要选择不同种类的灭火器

- 扑救 A 类火灾（即固体燃烧的火灾）应选用水型、泡沫、磷酸铵盐干粉等灭火器。

- 扑救 B 类火灾（即液体火灾和可熔化的固体物质火灾）应选用干粉、泡沫、二氧化碳型灭火器（这里值得注意的是，化学泡沫灭火器不能灭 B 类极性溶性溶剂火灾）。

- 扑救 C 类火灾（即气体燃烧的火灾）应选用干粉、二氧化碳灭火器；扑救带电火灾应选用二氧化碳、干粉型灭火器。

- 扑救 D 类火灾（即金属燃烧的火灾）灭金属火灾专用干粉灭火器。

消防安全

一2张锋